WILDES SACHSEN

Bilder einzigartiger Naturschätze

Fotos Norbert Rosing

NATIONAL GEOGRAPHIC

WILDES SACHSEN

Bilder einzigartiger Naturschätze

Fotos Norbert Rosing

Inhalt

Vorige Seiten:
Besonders schön im Herbst: Blick auf die Lorenzsteine vom Winterstein aus gesehen.

Mit den ersten Sonnenstrahlen im Frühling erwacht die Natur im Polenztal – wie hier die Märzenbecher mit ihren zartweißen Blüten.

Wild sprudelt die Lausitzer Neiße am Kloster St. Marienthal. Dem Stockentenerpel scheint's zu gefallen.

Ein dichter Buchenwald, durchzogen von wildem Wein am Ufer der Lausitzer Neiße.

Eine Impression aus dem östlichen Erzgebirge: Felsen im Gebiet des Großen Lugstein.

Links:
Typisch für die Oberlausitzer Heide- und Teichlandschaft: Baumspiegelungen auf der Wasseroberfläche.

Einleitung

MÄRCHENLAND

ZWISCHEN FELSEN UND AUEN

Mittelgebirge, Hügel- und Tiefland gliedern den Freistaat in drei große Naturregionen. 30 000 Arten an wilden Pflanzen und Tieren wurden hier gezählt. Was sie an Sachsen so schätzen, ist eine Vielfalt an Lebensräumen, von denen einige nicht nur in Deutschland, sondern selbst in Europa etwas Besonderes sind.

Vorige Seiten: Das Elbsandsteingebirge ist ein ideales Revier für Felsbrüter wie den Wanderfalken. Im Hintergrund der in Nebel gehüllte Lilienstein.

Oben: Der Feuchtbiotopcharakter der Lausitzer Heide- und Teichlandschaft aus der Vogelperspektive: Zahlreiche Wasservögel sind hier im Frühling, Sommer und Herbst zu Hause.

Wie ein Scherenriss wirken die Schrammsteine im Abendlicht. Die untergehende Sonne steht genau hinter dem Schrammtor.

Wer in eine der engen Schluchten der Sächsischen Schweiz hinabsteigt, wähnt sich plötzlich in einer verwunschenen Welt. Steil streben die Wände himmelwärts, und da ihr Gestein voller Klüfte und Spalten ist, sind sie von einer üppig wuchernden Vegetation überzogen. Auf Felssimsen thronen Farne, die ihre fiedrigen Wedel wie Sonnenschirme aufspannen, Waldbeeren sprießen aus den Ritzen, Moose polstern die Höhlen. Die Schwefelflechte, die genauso gelbgrün leuchtet, wie ihr Name vermuten lässt, überzieht die Felssockel wie ein Flickenteppich. Kein Zweifel, hier wird jeder Platz genutzt, und Not macht erfinderisch. Eine Baumwurzel krallt sich mit armdicken Ausläufern ins bloße Gestein, und eine Kiefer verblüfft durch ihre kühne Wuchsform: Der Stamm schiebt sich erst waagerecht aus einem Spalt hervor, um dann plötzlich in einem 90-Grad-Winkel in die Vertikale zu gehen. Unter der grünen Haut der Felswände geht es noch lebhafter zu als draußen. Unter Überhängen verborgen brüten Uhu und Wanderfalke, Mauersegler und Steinkauz. Fledermäuse wie der Große Abendsegler finden hier Unterschlupf. Am Grund der Schlucht angekommen, ist man von Wildnis völlig eingeschlossen. Über einem schließen sich die Baumkronen zum grünen Gewölbe.

Der 1990 eingerichtete Nationalpark mit einer Fläche von 9350 Hektar ist eine Schatzkammer der Natur, angefüllt mit Raritäten aus Flora und Fauna. Und ein Paradies für Kletterer, schon seit der zweiten Hälfte des 19. Jahrhunderts. Dabei ist die Sächsische Schweiz gar kein „Gebirge" im klassischen Sinn. In Wirklichkeit handelt es sich um den Grund eines kreidezeitlichen Meeres, in das Sand und Schutt eingespült wurden. Sie sanken zu Boden und verfestigten sich im Laufe der Zeit zu

Wölfe sind in Deutschland wieder heimisch geworden. In Sachsen haben sich mehrere Rudel angesiedelt.

einer gewaltigen Sandsteinplatte: mit einer Fläche von 20 mal 30 Quadratkilometern, bis zu 600 Meter dick. Vor etwa 70 Millionen Jahren gelangte sie durch tektonische Hebung an die Oberfläche und ist seitdem der Erosion durch Wind und Wetter ausgesetzt. Heute gehören Bastei und Lilienstein im Elbsandsteingebirge zu den Wahrzeichen Sachsens. Die seltenen, silikatisch gebundenen Sandsteinfelsen in der Sächsischen Schweiz und im Zittauer Gebirge sind dabei ebenso eine Besonderheit wie die Feuchtheiden in der Lausitz oder die hochgelegenen Wiesen und Moore im Erzgebirge. Der Große Lugstein und der Fichtelberg geben der Landschaft hier ihr unverwechselbares Gesicht.

Hinzu kommt die relativ dünne Besiedlung mancher Gebiete, in einem dicht besiedelten Land wie Deutschland (230 Einwohner pro Quadratkilometer) eine Be-

Der „Kuhstall", ein riesiges Felsentor, ist als geologisches Naturdenkmal geschützt. Der Legende nach haben Bauern während des Dreißigjährigen Kriegs hier ihr Vieh vor Plünderern versteckt.

sonderheit. In Sachsen leben 121 bis 150 Einwohner auf einem Quadratkilometer – das ist weniger als in den am dünnsten besiedelten Ländern im Westen, Niedersachsen und Bayern (168 bzw. 177). Im sächsisch-böhmischen Grenzgebiet kann man zu manchen Zeiten stundenlang wandern, ohne einem einzigen Menschen zu begegnen.

So beherbergt Sachsen auch die typischen Sorgenkinder der Roten Liste wie Kibitz, Birkhuhn, Wasseramsel, Flussperlmuschel und Wasserfledermaus. Und große Raubtiere wie Luchs und Wolf. Der seit etwa 150 Jahren in Deutschland ausgerottete Wolf ist sicherlich der Inbegriff von Wildnis. Die Rückkehr der ersten Wölfe Mitte der 1990er-Jahre war dementsprechend eine landesweite Sensation. Sie kamen aus Polen und siedelten – in Sachsen. Triefnass trafen sie dort ein, weil sie zuvor die Neiße durchschwimmen mussten. Das taten sie im Schutz der Dunkelheit und zur Verblüffung der Grenzbeamten, die die vierpfötigen Emigranten auf ihren Nachtsichtgeräten entdeckten.

Ein Wolfspaar ließ sich in der dünn besiedelten Region der Oberlausitz, 100 Kilometer nordöstlich von Dresden, nieder und gründete eine Familie. Seitdem haben sich die Aussiedler fleißig vermehrt. Sechs Rudel und ein Wolfspaar sind es zurzeit, fünf Rudel im sächsischen Teil der Lausitz und ein Rudel sowie ein welpenloses Paar im brandenburgischen Teil. Wo die ersten Wölfe ihre Jungen großzogen, ist aus menschlicher Sicht ein Kuriosum. Nicht etwa in der wildromantischen Landschaft der Sächsischen Schweiz, wo sie so gut reinzupassen scheinen wie in ein Märchen der Brüder Grimm. Weder Nationalpark noch Naturschutzgebiet oder Bio-

Schnee und klirrende Kälte können ihr nichts anhaben: Eingemummelt in ihren dicken Pelz trotzt die Wildkatze in der Sächsischen Schweiz allen Widrigkeiten.

sphärenreservat wählten sie, sondern ausgerechnet ein Militärgebiet. Den Truppenübungsplatz Oberlausitz in der Muskauer Heide, der einzige noch militärisch genutzte Truppenübungsplatz in Sachsen. Auch der Braunkohletagebau stört Isegrimm nicht. Hartgesotten wie er ist, wurde er schon dabei beobachtet, wie er im Tagebaugebiet bei Nochten unter einem Bagger durchspazierte.

Direkt neben dem rekultivierten Tagebau, im Dreiländereck zwischen Deutschland, Tschechien und Polen, liegt das Biosphärenreservat Oberlausitzer Heide- und Teichlandschaft. Ein weiteres Juwel aus der grünen Schatzkammer Sachsens und eine der artenreichsten Regionen in Deutschland. Diese Gegend ist im Freistaat als „Land der 1000 Teiche" bekannt. Mehr als ein Drittel der naturnahen Teiche befinden sich im Biosphärenreservat. Sie wurden vom Mittelalter an von eingewanderten fränkischen Bauern zur Fischzucht angelegt. Bereits um 600 n. Chr. begannen Siedler slawischen Ursprungs, die Vorfahren der Sorben, sich in dieser Gegend niederzulassen. Sie fanden einen von Sümpfen, Mooren und Auewäldern bedeckten Landstrich vor, der für Ackerbau und Viehzucht ziemlich ungeeignet war. Der Name Lausitz leitet sich von „Łužica", Sumpfland, ab. Noch heute sind die Ortsnamen hier zweisprachig, und die Minderheit der Sorben pflegt außer ihrer Sprache auch ihre Kultur, zum Beispiel das traditionelle Osterreiten.

Wie eine Skulptur steht die Wehlnadel in der Formation der Kleinen Gans. Im Hintergrund (auf der rechten Seite) sieht man die berühmte Basteibrücke.

Die Teiche und Sümpfe sind ein Vermächtnis der besonderen Art, wenn man bedenkt, dass es solche Lebensräume in der zersiedelten und für die Landwirtschaft trockengelegten Bundesrepublik kaum noch gibt. Das Biosphärenreservat ist das letzte Refugium für Pflanzen und Tiere, die anderswo gefährdet oder bereits ausgestorben sind. Es ist ein beliebtes Brutgebiet für Vögel, vor allem für den Seeadler – eine Ikone des Naturschutzes. Vor 20 Jahren war der größte Greifvogel Deutschlands fast ausgestorben; heute brütet er wieder in seiner Heimat. Nicht nur in Sachsen, auch in anderen Bundesländern, aber mit 17 Brutpaaren allein in der Teichlausitz gehört Sachsen eindeutig zur Spitze.

Der sogenannte Seeadlerrundweg eignet sich bestens, den majestätischen Raubvogel selbst und all die Mitbewohner kennenzulernen, die charakteristisch für sein Brutrevier sind. Eine Strecke von 88 Kilometern, die man bequem per Fahrrad abfahren kann, führt durch lichte Wälder aus Kiefern und Birken, unter denen Farn, Glockenheide, Sumpfporst und Torfmoos sowie Heidelbeere, Preiselbeere und Moosbeere wachsen. Am Tauerwiesenteich beispielsweise kann man von einem Hochstand aus die Vogelwelt beobachten (Fernglas nicht vergessen!). Auf den Bäumen am gegenüberliegenden Teichufer sitzen gerne Seeadler. In der Zeit von Februar bis August ziehen sie ihre Jungen groß. Im Frühjahr watet hier die Rohrdommel durchs Schilf und ruft mit ihrem typischen «Huuups» nach einem Paarungspartner. Der dumpfe Laut, der kilometerweit zu hören ist, lässt einen unwillkürlich an ein viel größeres Tier denken als an die etwa haushuhngroße Rohrdommel, weshalb sie im Volksmund auch „Moorochse" heißt. Auf dem Teich befindet sich eine Insel für Fluss-Seeschwalben, die inzwischen mit einem Elektrozaun gesichert ist, um ihre Gelege gegen Nesträuber zu schützen. Derer gibt es viele: Füchse, Waschbären und diverse Marderarten wie Mink und Otter. Auch botanische

Vorige Seiten: Die Drebacher Krokuswiesen im Erzgebirge erblühen im Februar/März und bilden lila Farbteppiche.

Oben: Sanft streicht der Wind durch das Waldschilf bei Steinbach, an der Lausitzer Neiße.

Raritäten birgt die Lausitzer Teichlandschaft. Besonders stolz sind Naturschützer hier auf das Moorveilchen, das im Biosphärenreservat an zwei Stellen wächst, die deutschlandweit zu den letzten Vorkommen ihrer Art gehören. Deshalb werden ihre Standorte auch nicht verraten. Dass die Pflanze mit den zartlila Blüten so selten ist, liegt unter anderem an ihrer Fortpflanzungsweise, bei der sie auf eine bestimmte Ameisenart angewiesen ist.

Moore, Sümpfe, Auen, Feuchtwiesen, Teiche – diese wasserreichen Lebensräume sind in Deutschland ge-

Ein deutsches Wintermärchen: Abendstimmung auf dem Fichtelberg im Erzgebirge. Mit 1215 Metern ist er der höchste Berg in Sachsen.

nauso wertvoll wie ihr trockenes Gegenstück, die Heiden und Magerrasen. Im Biosphärenreservat liegen beide Extreme, nass und trocken, nah beieinander. In der Heide brüten seltene Vogelarten wie der Wiedehopf, Ziegenmelker, Neuntöter, und sie ist der ideale Lebensraum für Kreuzotter und andere Reptilien. Aber der muss gepflegt werden, sonst verbuscht er und wird allmählich wieder zu Wald. Das zu verhindern ist die Aufgabe von Schäfern, die mit ihren Moorschnucken (und auch Ziegen) die Heiden beweiden. Im Jahr 2009 startete ein Experiment mit einer urtümlichen Pferderasse aus Polen, den Koniks. Mit ihrem grau-beigen Fell und der dunklen Mähne erinnern sie an Norwegerpferde. In dem Gebiet wurde eine kleine Herde eingeführt, vier Stuten und ein Hengst. Das Gelände ist zwar eingezäunt und darf nicht betreten werden, aber mit etwas Glück bekommen Spaziergänger die Koniks trotzdem von außen zu sehen.

Das Naturschutzgebiet Königsbrücker Heide, etwa 30 Kilometer nördlich von Dresden, ist mit einer Fläche von 7000 Hektar das größte Naturschutzgebiet Sachsens. Mehr als 100 Elbebiber gestalten die Landschaft hier nach ihrem Gusto. Dass sie alles andere als faul sind, davon können sich Besucher auf dem „Bibererlebnispfad" überzeugen. Er verbindet von Bibern aufgestautes Gelände mit von ihnen gebauten Dämmen und ihren typischen Behausungen, den Biberburgen, deren Eingänge aus Sicherheitsgründen unter Wasser liegen. In die Königsbrücker Heide sind die in Familien lebenden Nager bereits in den 1970er-Jahren von selbst zurückgekehrt (an manch anderen Orten in Deutschland mussten sie wieder eingeführt werden).

Schon heute erfüllt das Naturschutzgebiet die Kriterien der Internationalen Naturschutzunion (IUCN) für ein Wildnisgebiet. Der größte Teil, 5000 Hektar, steht unter „Prozessschutz". Das heißt, hier kann sich die Natur frei entfalten, Wildnis ungezügelt walten. Der Mensch wird vom Gestalter zum Beobachter. Dieses Konzept gilt zwar auch in den Kernzonen von Nationalparken oder in sogenannten Totalreservaten. Meistens umfassen diese jedoch nur wenige Quadratkilometer und unterliegen somit äußeren Einflüssen. In der Königsbrücker Heide dagegen ist dieses Gebiet sehr groß – doppelt so groß wie die Kernzone im Nationalpark Sächsische Schweiz und eines der größten seiner Art in Deutschland. Hier wird mit Spannung beobachtet, wie sich die Heide wieder in Wald verwandelt, in einen Eichenmischwald wie früher. Dieser Prozess, im Fachjargon „natürliche Sukzession" genannt, zieht sich über Jahrhunderte und wird damit peu à peu rückgängig machen, was der Mensch – ebenfalls über Jahrhunderte – aus dem ehemaligen Urwald zwischen der Pulsnitz und der Schwarzen Elster gemacht hat.

Im Mittelalter begannen die Feudalherren von Kamenz mit der Landnahme im Wald durch Rodungen. Auf den frei geschlagenen Lichtungen siedelten Bauern; sie gründeten Dörfer und legten große Feldfluren an. Es entstand eine bäuerliche Kulturlandschaft, die sich aber wegen der dort vorherrschenden sandigen, nährstoffarmen Böden nicht lange auf Ackerbau stützen konnte. Mit dem Schwinden der Humusdecke breitete sich Heidekraut aus, und um ihren Lebensunterhalt zu fristen, verlegten sich die Bauern auf die Zucht von Schafen und Bienen, die sich von der Heide ernähren konnten. Später, als auch das nicht mehr rentabel war, wurde die Heide mit der genügsamen Kiefer aufgeforstet.

Anfang des 20. Jahrhunderts begann die letzte Phase menschlicher Nutzung und sicher die extremste. Das Gebiet wurde Truppenübungsplatz, erst der Sächsischen Armee, dann der sowjetischen Panzergardearmee und schließlich der GUS-Streitkräfte. Als die Truppen 1992 aus der Königsbrücker Heide abzogen, hinterließen sie ein Gebiet, das buchstäblich verwüstet war. Mit den militärischen Hinterlassenschaften kämpft der Minenräumdienst noch heute, und es versteht sich

von selbst, dass ein Großteil des Gebiets nicht betreten werden darf. So hat der Freistaat Sachsen mit der Entscheidung für den „Prozessschutz" aus der Not auch eine Tugend gemacht. Das Experiment Waldwildnis wird dadurch nicht weniger spannend.

Wenn die Sonne den Pfaffenstein rötlich schimmern lässt, erinnert er fast ein wenig an den Grand Canyon. Der Tafelberg mit dem stark erodierten Gestein bietet unter anderem Vögeln und Fledermäusen Schutz.

Einleitung

Der Luchs streift durch große Waldgebiete des Elbsandsteingebirges, vor allem im sächsisch-böhmischen Grenzgebiet. Hier eine Aufnahme aus einem Gehege.

Die Königsbrücker Heide weist eine Vielfalt an Lebensräumen auf, die sie im Rahmen des europäischen Netzes von Schutzgebieten als „Natura 2000"-Gebiet qualifiziert. Dazu gehören die Besenginsterheiden, Rosen- und Schlehengebüsche, ausgedehnte Silbergrasfluren und Sandrasen, zehn Meter hohe Binnendünen, Quellen, Moore und Sümpfe, Lebensräume, die in ganz Deutschland als schützenswert gelten.

Für Liebhaber einsamer Landschaften kann eine Reise durchs wilde Sachsen wie eine Offenbarung sein. Zumal, wenn sie in den 1970er- und 80er-Jahren im Westen Deutschlands Zeuge einer deprimierend aufgeräumten Landschaft wurden, mit langweiligen Wirtschaftswäldern und Agrarsteppen, in denen Arten wie Seeadler, Biber, Fischotter fast vollständig ausgerottet waren. Ganz zu schweigen von Wolf und Luchs. Mit solchen Arten standen ganze Lebensgemeinschaften vor dem Aus, samt der Vielfalt der zu ihnen gehörenden Pflanzen, Insekten, Fische, Amphibien, Reptilien und Vögel. Was Deutschland mit der Wiedervereinigung gewonnen hat, sind tatsächlich „blühende Landschaften", nur anders, als von Ex-Kanzler Helmut Kohl gemeint. Blühende Landschaften im Sinne des Naturschutzes: Wildtiere und -pflanzen, deren Überleben wohl ohne die wilderen Landschaften im Osten ernsthaft in Frage gestanden hätte.

SÄCHSISCHE SCHWEIZ UND ZITTAUER GEBIRGE

DER DEUTSCHE GRAND CANYON

Mit bizarren Felsen und tiefen Schluchten, teils vom Grün des Waldes überzogen, teils ungeschützt der Winderosion preisgegeben, gehört das Elbsandsteingebirge zu den spektakulärsten Landschaften in Deutschland. Eine malerische Gegend, die Künstler, Naturliebhaber und Kletterer seit Jahrhunderten in den Bann zieht.

Vorige Seiten: Wenn dichte Nebelschwaden durch das Elbtal ziehen, bekommt die Landschaft der Sächsischen Schweiz etwas Elegisches. Links die Felsen der „Kleinen Gans", von der Bastei aus gesehen.

Rechts: Von der Bastei aus genießt man einen fantastischen Blick über das Elbtal und seine bizarren Felsformationen. Hier die sogenannten Wehltürme, eine traditionelle Kletterregion, daher auch die Haken auf dem Felsen im Vordergrund.

Folgende Seiten: Hinter dem blühenden Rapsfeld erheben sich die Schrammsteine. Sie waren bereits im 19. Jahrhundert ein beliebtes Ausflugs- und Wandergebiet und sind es bis heute.

Oben: Das „Monument Valley" Deutschlands. Der Lilien- und der Falkenstein heben sich gegen den roten Abendhimmel ab. Blick vom Weg zum Felsen „Kleiner Dom".

Folgende Seiten: Sehr ursprünglich mutet das Kirnitzschtal an, im hinteren Teil der Sächsischen Schweiz an der Grenze zu Tschechien gelegen. Dort beginnt auch der Nationalpark Böhmische Schweiz.

Ungestört im Schlamm suhlen können sich Wildtiere wie dieser Hirsch im Erzgebirge oder in der Sächsischen Schweiz.

Was im ersten Moment wie ein wildes Schneetreiben aussieht, sind in Wirklichkeit umherschwirrende Pappelsamen. Im Frühsommer machen sie sich auf den Weg durch die Luft und lassen sich mithilfe des Windes kilometerweit verdriften.

Luchse sind wieder heimisch geworden in den weiten Wäldern des großflächigen Nationalparks. Dieses Bild entstand im Gehege.

Die Sandsteinfelsformation „Kleines Prebischtor" am Affensteinmassiv.

Den gewaltigen Felsbrocken am Schrammtor sieht man an, wie sehr Wind und Wetter dem Gestein zusetzen.

Etwas verloren wirkt der Farn in der dichten Grasmatte. Ansonsten ist das Elbsandsteingebirge aber außerordentlich reich mit Farnen besiedelt: Über 30 Arten wurden hier nachgewiesen.

Winterimpressionen:
Wie verzaubert präsentieren
sich der Wehlgrund und die
Basteibrücke im Schnee.

Tiefer Winter im Polenztal. Eiszapfen und -strukturen bildeten sich nach vielen Nächten mit starkem Frost.

Die Basteifelsen und die Elbe im Winterkleid. Der Wechsel zwischen der Kälte im Winter und der Hitze im Sommer sprengt immer wieder Teile aus dem Gestein; chemische Prozesse beschleunigen die Verwitterung.

Kaum zu glauben, dass die Sächsische Schweiz als schneearme Region gilt. Im Elbtal fallen nur zehn Prozent der Niederschläge als Schnee, in den höheren Lagen sind es 17 Prozent. Hier die Schrammsteinaussicht Richtung Süden.

Wie ein Meer scheint der Morgennebel den Großen Falkenstein zu umspülen. Caspar David Friedrich wurde in der Sächsischen Schweiz zu seinem berühmten Gemälde „Wanderer über dem Nebelmeer“ inspiriert.

Die Schrammsteine, ein Felsenrevier östlich von Bad Schandau, sind ein beliebtes Ausflugsziel für Wanderer und Bergsteiger. Auch Kletterer erproben dort gern ihre Fähigkeiten, müssen sich aber an Auflagen halten.

Die Farbe des Quarzsandsteins variiert zwischen grauweiß und gelblich. Trotz seiner einfachen Zusammensetzung zeigt er sich erstaunlich wandelbar. Wird das Bindemittel, das die Sandkörner zusammenhält, herausgelöst, entstehen solche bizarren Formen.

Die Schwefelflechte leuchtet genauso gelbgrün, wie ihr Name vermuten lässt. Sie mag gerne Silikate, die die Sandkörner binden. Die Birke als echtes Pioniergewächs fasst noch in der kleinsten Ritze Fuß.

Der Pfaffenstein, ein typischer Tafelberg, ist 434 Meter hoch. Hier brüten so seltene Arten wie Wanderfalke und Schwarzspecht. Und es sind rund 30 Arten von Singvögeln dokumentiert.

Blick auf die Basteibrücke vom Ferdinandstein aus gesehen. Die Brücke führt von der Bastei zur Felsenburg Neurathen. Die Bastei ist eine Aussichtsplattform, fast 200 Meter über der Elbe gelegen. Von dort aus genießt man einen atemberaubenden Blick auf die Landschaft der Sächsischen Schweiz. Obwohl ein Besuchermagnet, gehört die Bastei zur Kernzone des Nationalparks, in der strenge Schutzbestimmungen gelten.

Vorige Seiten: Buchenurwälder und gewaltige Felsentürme säumen den steilen Weg zur Goldsteinaussicht im Herbst.

Oben: Blick von der Goldsteinaussicht über den Großen Zschand im Herbstgewand. Aus dem Thorwald ragen die charakteristischen Felsenriffe der Thorwalder Wände hervor.

Vorige Seiten: Gesehen von der Basteiaussicht: die große Elbschleife. Der Strom hat im Riesengebirge sein Quellgebiet.

Im fahlen Licht der Wintersonne, gefiltert durch Nebel im Elbtal, offenbart der Strom eine weitere Facette seiner Schönheit.

Das wildromantische Kirnitzschtal nahe der tschechischen Grenze gilt als der ursprünglichste Teil der Sächsischen Schweiz. Von hier aus kann man seit dem Schengener Abkommen ohne Passkontrolle in den angrenzenden Nationalpark Böhmische Schweiz wandern.

Knorrig, alt und vermoost:
eine Eberesche in der Kirnitzschklamm.

Für die Felsen ist Sachsen berühmt: Die stark zerklüftete Kette der Schrammsteine erhebt sich 425 Meter aus den Laubwäldern. Dieses Bild zeigt den Blick von der Schrammsteinaussicht.

Felsformation und Felsabsprengungen am Affensteinmassiv in der Nähe des Bauernlochs, einem äußerst beliebten Klettergebiet.

Sonnenuntergang
über den Schrammsteinen.

Das Salomonssiegel ist eine Pflanzengattung, die auch Weißwurz genannt wird und zu den Liliengewächsen gehört. Für Laubwälder typisch ist die Vielblütige Weißwurz, die etwa 30 bis 60 Zentimeter hoch wird.

Markant erheben sich der Gohrisch und der Luisenstein aus der Ebene, die in der Nationalparkregion Sächsische Schweiz liegt.

Frühling im Uttewalder Grund: Farne fühlen sich in diesem feucht-kühlen Klima besonders wohl.

Auf der Suche nach Nahrung: ein Buntspecht an einem alten Buchenstamm, der von Schwamm besiedelt ist.

Folgende Seiten: Intensives Frühlingsgrün leuchtet im dunklen Canyon des Uttewalder Grundes. Zu erreichen über steile Eisenstufen von Uttewald aus.

Herbstlich gefärbt: die Ufervegetation am Wildbach Kirnitzsch im nach ihm benannten Tal im hinteren Teil der Sächsischen Schweiz. Besonders reizvoll ist der Wechsel zwischen engen Talabschnitten mit hohen Sandsteinfelsen und weiteren Abschnitten, wo das Wasser durch Granit fließt. Die Vielfalt der Motive zog schon die Maler der Romantik an.

Üppig wuchert der Farn in der Kirnitzschklamm, an der Oberen Schleuse bei Hinterhermsdorf. Über die Kirnitzsch wurden früher Baumstämme bis nach Bad Schandau hinabgeflößt, wo sie in die Elbe mündet. Auch wenn mittlerweile eine Straße durch das Tal führt, kann man noch heute auf dem Flößersteg direkt am Wasser entlangwandern.

Oben: Winter an der Polenz: seltsame Skulpturen aus Eis. **Unten:** Ein Blick hinter den gefrorenen Wasserfall eröffnet eine neue Eiswelt.

Rechts: Ein Hase hat hier seine Spur hinterlassen, bevor die Schneefläche mit Eis überzogen wurde.

Die im Frühjahr blühenden Märzenbecher gehören zu den Amaryllisgewächsen. Sie bevorzugen feuchte Wiesen und Wälder.

Das Polenztal, im vorderen Teil des Nationalparks Sächsische Schweiz gelegen, birgt eine Reihe seltener Pflanzen. Am bekanntesten sind die Märzenbecherwiesen, die größten natürlichen Vorkommen dieser Art in Deutschland.

Fast wie ein Bonsaibaum sieht diese Kiefer aus, die sich über dem Wehlgrund am Gestein festklammert. Im Hintergrund das Felsmassiv der Großen Gans.

Oben: Blick hinauf vom Klettersteig zum Nonnenturm im Zittauer Gebirge. Steile Felswände ragen links und rechts aus der engen Schlucht empor.

Folgende Seite: Wie ein steinernes Bollwerk erheben sich die Nonnenfelsen aus den Mischwäldern um Jonsdorf. Blick vom Jonsdorfer Felsenland.

Felsformationen in der Nähe von Jonsdorf, einem Kurort im Zittauer Gebirge. Oben die Nonnenfelsen, unten die Teekanne.

DIE LAUSITZ UND NORDSACHSEN

PARADIES FÜR FLORA UND FAUNA

Teiche und Heiden, Bäche, Kiefernwälder, Flussauen und Feuchtwiesen: Das Unesco-Biosphärenreservat im Osten Sachsens zeichnet sich durch eine Vielfalt an Lebensräumen auf relativ kleiner Fläche aus. Der Norden ist unter anderem durch die Lausitzer Neiße geprägt. Historisch bedeutsam, fließt sie durch idyllische Landschaften.

Vorige Seiten: Was von oben an Atolle im Meer erinnert, sind die Schilf- und Röhrichtzonen in der Oberlausitzer Teichlandschaft. Hier können sich Seeadler und Kranich sicher fühlen.

Oben: Abendstimmung an einem Teich in der Nähe von Wartha. Das von Fischteichen umgebene Dorf mit nicht mal 400 Einwohnern ist wie die meisten Orte der Region aus slawischen Siedlungen hervorgegangen.

Rund 335 Teiche umfasst das Gebiet der Heide- und Teichlandschaft, das 1996 von der Unesco als Biosphärenreservat international anerkannt wurde. Es hat eine Fläche von 30 000 Hektar und ist fast zur Hälfte bewaldet.

Vorige Seiten: Ein Blick in die Birkenkronen im Frühling.

Der Laubfrosch (*Hyla arborea*) gehört zu den geschützten Arten im Biosphärenreservat. Er lebt im Gebüsch auf bis zu vier Metern Höhe. In dem Schutzgebiet soll die von Menschen in Jahrhunderten gestaltete Kulturlandschaft durch umweltverträgliche Nutzung für die Zukunft erhalten werden.

Für Frösche und andere Amphibien ist die Lausitzer Teichlandschaft der ideale Lebensraum. So viele Feuchtgebiete auf engem Raum finden sie selten in Deutschland.

Oben: Die Ufer der Seen sind mitunter von Birken gesäumt.

Links: Außer Höckerschwänen brüten in der Teichlandschaft auch einige Paare von Singschwänen. Als Wintergäste sind sie in Norddeutschland zwar bekannt, ihre Brutgebiete liegen ansonsten aber in der Taiga in Osteuropa und Sibirien.

Romantik eines naturbelassenen Baches: der Kemmlitzbach bei Schlegel, der schließlich in die Neiße mündet.

Der Haubentaucher, der in ganz Europa vorkommt, ist ein passionierter Unterwasserjäger. Bei seinen Tauchgängen erbeutet er kleine Fische und Krebse; er ernährt sich aber auch von Wasserinsekten.

Das Blässhuhn, ebenfalls weit verbreitet und ein guter Taucher, baut seine Nester im Schilf oder auf einer im Wasser gelegenen Insel aus Halmen und Ästen. Es legt bis zu ein Dutzend Eier, die es etwa drei Wochen lang bebrütet. Die Küken bleiben eineinhalb bis zwei Monate in Nestnähe.

Auf blühenden Wiesen, an Waldrändern und Mooren ist das Landkärtchen anzutreffen. Der in Europa weit verbreitete Schmetterling bildet pro Jahr zwei Generationen, die sich in Größe und Flügelfärbung unterscheiden. Die Falter der Frühlingsgeneration sind kleiner als die der Sommergeneration.

Frühnebel an der Lausitzer Neiße – aufgenommen am Wehr beim Kloster St. Marienthal, einem Zisterzienserinnenkloster nahe der Kleinstadt Ostritz.

Aus der Luft erkennt man die vielen Teiche und den Wasserreichtum der Oberlausitzer Teichlandschaft besonders gut. Die meisten Teiche sind nur einen halben Meter tief und weisen umfangreiche Verlandungszonen aus Schilf, Rohrkolben und Pfeilkraut auf. In den Schwimmblattzonen siedeln Teich- und Wasserrosen sowie einige Arten von Wasserschlauch. So ein Lebensraum ist ideal für Fischotter und Weißstorch, die prägend für die Teichlandschaft sind.

Linke Seite: Fast wie ein Kunstwerk sieht dieses Farbenspiel aus Weinlaub über dem dunklen Wasser der Neiße aus.

Links: Ameisen umringen ihre Beute auf einem Baumschwamm.

Da hat jemand ganze Arbeit geleistet: Biberfraß an einer Pappel an der Lausitzer Neiße.

Wild wuchern Kräuter und Stauden an der Lausitzer Neiße – im Hintergrund markiert ein Pfahl die Grenze zu Polen.

Übereinandergestapelt wie kleine Konsolen: vom Schwamm befallener Baum.

Die Lausitzer Neiße, ein Nebenfluss der Oder, entspringt in Tschechien im Isergebirge. Sachsen durchfließt sie auf einer Länge von knapp 75 Kilometern. Obwohl durch die Folgen des Bergbaus belastet, finden sich an manchen Stellen, an Auen und Feuchtwiesen, noch Rote-Liste-Arten wie Grüne Keiljungfer (Libelle), Biber und Fischotter.

Am Großen Teich bei Daubnitz kann man die Weite und Idylle der Teichlandschaft genießen. Die Gegend eignet sich besonders für ausgedehnte Radtouren.

Abgestorbene Bäume gehören zu den naturbelassenen Teichen. Wegen der umweltfreundlichen Teichbewirtschaftung ist das Gebiet jedes Jahr Raststätte für Tausende von Zugvögeln.

Seit vielen hundert Jahren trotzt die Elefanteneiche den verschiedensten Witterungsbedingungen. Sie steht am Großen Teich bei Daubnitz.

Vorige Seiten: Morgenlicht an der Mulde, einem Nebenfluss der Elbe. Charakteristisch für die Muldeauen bei Eilenburg, einer Kleinstadt rund 20 Kilometer nordöstlich von Leipzig, ist der Bestand an alten Bäumen, vor allem Eichen und Weiden.

Rechts: Die Mulde in der Nähe von Eilenburg im Norden Sachsens. Da sie die Stadt durchfließt, war während des dramatischen Hochwassers im August 2002 das gesamte Zentrum überflutet. Selbst die breiten Flussauen nördlich und südlich von Eilenburg, durch die sich die Mulde in vielen Schleifen windet, hatten die gewaltige Menge des Wassers nicht auffangen können.

Links: Mächtige Hute-Stieleiche am Steilufer der Mulde.

Rechts: Die sogenannte Neun-Brüder-Eiche. Neun Bäume stehen so eng zusammen, als wären sie miteinander verwachsen.

Schafe weiden unter den großen Hute-Eichen in den Muldeauen bei Eilenburg. Die ausladenden alten Bäume sind Relikte aus einer Zeit, als das Vieh zum Weiden noch in den Wald getrieben wurde.

Eine Reihe von Kopfweiden (in den Muldeauen bei Eilenburg). Die Baumstämme wurden auf kurzer Höhe beschnitten, wonach sie viele neue Triebe bildeten und sich kopfartig verdickten.

ERZGEBIRGE

LAND DER GIPFEL UND MOORE

Das Erzgebirge entstand im Erdaltertum vor mehr als 300 Millionen Jahren. Der westliche Teil ist stark zerfurcht, von steilwandigen Tälern zerschnitten, der östliche dagegen hat wenige Täler und diese sind breit. Das Osterzgebirge ist bekannt für seine Vielfalt an Gesteinen.

Vorige Seiten: Von hohem Gras überwachsene Geröllhalde und beeindruckende Felsformationen am Großen Lugstein.

Links: Im satten Violett präsentieren sich die Krokusse auf den Wiesen bei Drebach.

Folgende Seiten: Winter am von Schnee und Eis bedecktem Pöhlbach.

Imposant wirken die massiven Basaltfächer am Hirtstein bei Satzung. Davor züngeln die herbstlich gefärbten Heidelbeersträucher.

Finster dräuen die Wolken über der kleinen Bauminsel auf dem Hirtstein, einem erloschenen Vulkan bei Satzung.

Das Georgenfelder Hochmoor ist eines der schönsten Krummholzkiefernmoore des Erzgebirges. Bereits 1926 wurde es als Naturschutzgebiet ausgewiesen.

Eine niedrig wachsende Fichte mit Zapfen. Zu den charakteristischen Pflanzen gehören auch Torfmoose, Beeren, Sonnentau, Heidekraut und die Moorkiefer.

Der Tiefenbacher Wasserfall bei Altenberg im Osterzgebirge.

Rechts: Heidelbeeren, Gräser und Moorkiefer sind typisch für das Georgenfelder Hochmoor, dessen Entstehung in die Nacheiszeit vor etwa 10 000 Jahren zurückreicht.

Folgende Seiten:
Eine urige Landschaft – Moorkiefern im Nebel.

Links: Scharfkantige Felsenlandschaft auf dem Gipfel des Großen Lugsteins im Licht der späten Herbstsonne.

Folgende Seiten: Der Blick nach Süden – Felsen auf dem Großen Lugstein im Osterzgebirge.

In rosig-blaues Licht getaucht: die tief verschneiten Fichten auf dem Fichtelberg im Naturpark Erzgebirge. Da es hier sehr kalt werden kann und im Winter viel Schnee liegt, wird das Erzgebirge auch „Sächsisches Sibirien" genannt.

«Willst du immer weiter schweifen?
Sieh, das Gute liegt so nah.
Lerne nur das Glück ergreifen:
Denn das Glück ist immer da.»

Johann Wolfgang von Goethe
(1749-1832), „Erinnerung“

Links: Eine vom Wind zerzauste Kiefer auf einem Felsenturm hoch über der Elbe im Morgennebel vom Schrammstein aus gesehen.

Folgende Seite, oben: Birken im letzten Abendlicht auf dem Pfaffenstein.

Folgende Seite, unten: Buchstäblich weit verzweigt: das Wurzelnetz eines Baums im Polenztal.

Burg
Hoher Fläming
200
Plane
Nuthe-Nieplitz
Luckenwalde
Dahme-Heideseen
Dahme
Eisenhüttenstadt
Schwielochsee
Oder
Schlaubetal
ttelelbe
SACHSEN-
Fläming
Zerbst
Nuthe
Jüterbog
178
BRANDENBURG
144
Spreewald
Guben
Lübben
Lübbenau
Roßlau
Coswig
Wittenberg
Aken
Dessau
Spree
Neiße
POLEN
Niederlausitzer Landrücken
121
Forst
Cottbus
Köthen
Gräfenhainichen
ANHALT
Kleine Elster
182
Wolfen
Bitterfeld
Dübener Heide
Niederlausitzer Heidelandschaft
Finsterwalde
Großräschen
Spremberg
Schwarze Elster
Torgau
Elbe
Senftenberg
Weißwasser
Interes
aaletal
Halle-
Neustadt
Halle
Delitzsch
Mulde
Elsterwerda
Lauchhammer
Hoyerswerda
Spree
Lausitzer Neiße
Eilenburg
Gröditz
208
Oberlausitzer Heide- und Teichlandschaft
Merseburg
Schkeuditz
Taucha
Wurzen
Leipzig
Riesa
Großenhain
Kamenz
d Dürrenberg
Markkleeberg
316
Oschatz
Königsbrück
Grimma
SACHSEN
Bautzen
eißenfels
Görlitz
Meißen
Radeberg
Bischofswerda
Naumburg
Coswig
Löbau
Borna
Döbeln
Radebeul
Saale-
Unstrut-
Triasland
586
Ostritz
Waldheim
Dresden
Ebersbach
Meusel-
witz
Sächsische Schweiz
St. Marienthal
Zeitz
Elster
Weiße
Freital
Heidenau
Elbe
Bastei
Sebnitz
Rumburk
Zittauer Gebirge
Mittweida
Pirna
Kirnitzsch-
tal
Hinter-
hermsdorf
Lilienstein
Altenburg
Bad
Schandau
Varnsdorf
Zittau
enberg
Burgstädt
Frankenberg
Freiberg
Jonsdorf
Gera
Schmölln
rmsdorf
Limbach-Oberfrohna
Böhmische Schweiz
Meerane
Glauchau
Chemnitz
HÜRINGEN
Crimmitschau
Hohenstein-Ernstthal
Altenberg
Weida
Lichtenstein
Zschopau
Werdau
Lugau
Zwickau
Oelsnitz
Stollberg
Drebach
Olbernhau
Elbe
ulenroda
Greiz
Wilkau-
Hasslau
Marienberg
Nationalpark
745
Reichenbach
Aue
Zwönitz
Naturpark
Schneeberg
Annaberg-
Buchholz
Erzgebirge
Schwarzenberg
Plauen
Auerbach
Biosphärenreservat
Erzgebirge/Vogtland
Falkenstein
946
Oelsnitz
0
20
40
60
KILOMETER
Klingenthal
Ohře
Hof
Ohře
Elbe
Münchberg
Selb
Eger
PRAG
(PRAHA)
Fichtelgebirge
1051
TSCHECHIEN
Marktredwitz
Berounka
BAYERN
BÖHMEN
Steinwald

Der Fotograf

Der Anstieg gestaltet sich schwierig. Zentimeterdick liegen Eis und Schnee auf den Leitern und Sprossen des Eisenpfades hinauf auf den Schrammstein. Es ist Februar, minus 17 Grad kalt, und je weiter ich nach oben steige, desto frischer wird der Wind. Angezogen bin ich wie auf einer Reise in die Arktis, dicke Schuhe, Daunenhose und Winterparka. Endlich erreiche ich den Grat, über den sich der Pfad zur Schrammstein-Aussicht schlängelt. Der Wind wird stärker. Krampfhaft halte ich mich an den eisernen Zäunen fest und schiebe mich Meter für Meter bis an den Aussichtspunkt. Hier herrschen nun wahrlich arktische Witterungsbedingungen. Von der westlichen Flanke des Schrammsteins schießen die Schnee- und Eiskristalle über die schroffen Felswände. Das Stativ ist aufgestellt, und der erste Blick durch den Sucher der Kamera lässt mich alle Mühsal vergessen. Die östliche Schrammsteinwand ist überzuckert von Schnee, an den Bäumen hängen Eisnadeln, und aus allen Spalten wehen Schneefahnen heraus. Hier sehe ich wieder ein neues Bild, ein Bild, das ich in den vergangenen Jahren am gleichen Punkt nur zu verschiedenen Jahreszeiten fotografiert habe. Ich kann kaum glauben, wirklich wieder am selben Platz zu stehen.

Das Elbsandsteingebirge – oder den Nationalpark Sächsische Schweiz – erwandere ich nun seit dem Mauerfall. Zu allen Jahreszeiten habe ich dieses einmalige Gebiet besucht und bin seiner Faszination erlegen. Die steilen Felsentürme, tiefen Schluchten, die Wildheit der Wälder, die Romantik des Kirnitzschtals, die Blütenpracht der Märzenbecher im Polenztal, die Einzigartigkeit der Herkulessäulen im Bielatal und der Felsenblock des Pfaffensteins haben es mir angetan.

Doch das wilde Sachsen ist mehr als das Elbsandsteingebirge. Viele tausend Kilometer fuhr ich in die abgelegensten Gebiete des östlichen Bundeslandes. Ich lernte Land und Leute kennen und lieben. Das Zittauer Gebirge, von dem ich zuvor kaum etwas gehört hatte, offenbarte sich in frischem Frühlingsgrün von seiner schönsten Seite. Basalt-„Orgelpfeifen", eine „Teekanne" und einen „Nonnenfelsen" galt es zu finden und zu fotografieren. Fantastische Felsengebilde, die versteckt im Wald liegen.

Laut wird es im Frühling im Biosphärenreservat Oberlausitzer Heide- und Teichlandschaft. Vogelgezwitscher aus dem Schilf, Froschkonzerte aus den Sümpfen und wüstes Flügelschlagen von Schwänen in der Paarungszeit. Diese Teichlandschaft ist in ihrer Art wohl einmalig in Mitteleuropa.

Tote Bäume treiben in den Fluten der Mulde, die sich mäandernd durch die Landschaft bei Leipzig zieht.

Fantastische Felsen: Naturfotograf Norbert Rosing beim

Aufstieg zum Kleinen Dom im Affensteingebiet.

Mächtige Stieleichen finden sich in ihren Auen. Besonders beeindruckend empfand ich meine Entdeckung des Hirtsteins bei Satzung. Ein Zeuge längst vergangener erdhistorischer Zeit. Ein riesiger Fächer aus Basaltsäulen erstreckt sich aus einem unscheinbaren Wiesenhang. Für Geologen ein Kleinod. Ein anderes Kleinod im Osterzgebirge ist das Georgenfelder Moor bei Zinnwald, wunderschön gelegen am Großen Lugstein.
Eine Besonderheit entdeckte ich, weil mich ein Einheimischer darauf aufmerksam machte: die Krokuswiesen bei Drebach. Für nur kurze Zeit im Frühling erblühen Tausende von Krokussen um den Ort herum – eine Farbenpracht ohnegleichen.

Norbert Rosing

Norbert Rosing,

1953 im Münsterland geboren, lebt seit Mitte der 1970er-Jahre mit seiner Frau Elli in Oberbayern. Nach einer Lehre als Holzkaufmann und anschließender Ausbildung zum Krankenpfleger arbeitet er seit 1992 als freiberuflicher Naturfotograf.

Den Grundstein für seine Karriere als Fotograf legte er mit spektakulären Bildern aus dem „Reich der Eisbären". 50 Reisen führten ihn seitdem in den kanadischen Norden. Eine Liebesgeschichte, die bis heute währt.

Ebenfalls in den frühen 1990er-Jahren entdeckte Rosing fotografisch seine Heimat Deutschland: «30 Jahre habe ich gebraucht, um die Sinne für die Natur vor der Haustür zu öffnen. Nicht alles Glück der Erde liegt in großer Ferne.»

Norbert Rosing bevorzugt auch weiterhin die analoge Fotografie. Die Faszination des «durch den Sucher gesehenen Bildes» ist für ihn durch nichts zu ersetzen.

Rosing gewann internationale Preise bei der BBC Wildlife Photographer of the Year Competition, den Nature's Best Photography Awards und dem World Press Photo Award. Er wurde als Naturfotograf im kanadischen und deutschen Fernsehen bekannt. Seine Vorträge über die Arktis und Deutschland sahen Tausende begeisterter Zuschauer. Viele seiner Bilder wurden im NATIONAL GEOGRAPHIC-Magazin abgedruckt.

IMPRESSUM

Veröffentlicht von National Geographic Deutschland, Hamburg 2010

Alle Fotos von Norbert Rosing, mit Ausnahme des Bildes von Seite 158/159 (Elli Rosing).

Der Fotograf legt besonderen Wert auf die Feststellung, dass alle Fotografien in diesem Buch analog erstellt wurden und unmanipulierte Naturdokumente darstellen. Lediglich die Bilder auf den Seiten 24/25, 38/39, 42/43, 46/47, 92/93 und 158/159 wurden digital erstellt.

Konzept: Alexandra Schlüter

Layout: Meike Herzog

Autorin: Monika Rößiger

Bildredaktion: Alexandra Carsten

Schlussredaktion: Birte Kaiser

Kartografie: Ralf Bitter

Herstellung: G+J Druckzentrale, Heiko Belitz (Ltg.), Thomas Oehmke

Druck: Firmengruppe APPL, aprinta Druck, Wemding

Printed in Germany.

ISBN 978-3-86690-170-4

Danksagung

Mein ganz besonderer Dank für das Zustandekommen eines Teils der Bilder für dieses Buch geht an das Team der Lugsteinbaude bei Zinnwald und die Gebr. Walther (Krokusblüte Drebach). Großer Dank auch an das Team von National Geographic Deutschland für exzellente Zusammenarbeit und Ideen.